특별한 날

Thank you

생큐 **꽃** 선물

김혜정 저

예신 Books

꽃은 그 아름다운 색상과 모양, 향긋한 향기가 어우러져 사람을 행복하게 만들어주는 특별한 능력을 가지고 있다. 이렇게 보기만 해도 행복해지는 꽃을 여러 행사나 특별한 날, 사랑하는 이에게 마음을 전하고 싶을 때, 내 손으로 직접 꾸며서 선물한다면 기쁨은 두 배가 될 것이다.

이 책에서는 꽃을 사랑하는 마음으로 꽃을 있는 그대로 표현할 수 있는 다양한 방법들을 소개하였고, 꽃 꾸밈에 관심이 있는 분들을 위해 쉽고 간편한 꽃장식에 대해서도 몇 가지 안내하였다.

요즘의 꽃다발이나 꽃바구니를 보면 꽃 자체보다는 크기와 부피에 중점을 두어 정작 꽃은 보이지 않고 포장만 화려한데, 꽃 선물에서 가장 중요한 것은 겉모습보다는 꽃이 가지고 있는 깊이감과 자연스러운 멋을 그대로 표현하는 것이다. 따라서, 꽃을 포장할 때는 각각의 꽃이 가지고 있는 특징을 살리기 위해 포장을 거의 하지 않거나 포장을 하더라도 꽃의 표정을 가리지 않도록 포장하는 것이 좋다.

특히 꽃바구니는 생일이나 병문안, 각종 축하 행사 때 선물하게 되는데 이동할 때나 놓이는 장소에 따라 불편함을 줄 수도 있어 낮고 단순하게 꽂아 선물하는 것이 좋다. 요즘에는 시중에 다양한 디자인의 바구니가 많이 나와 있어 따로 꾸미지 않아도 되는 이점이 있다.

한편, 선물로 받은 꽃다발이나 꽃바구니를 집에 있는 예쁜 그릇에 옮겨 담아 집안 분위기를 바꿔보는 센스도 필요하다. 똑같은 꽃이라도 어떤 그릇에 담느냐에 따라 색다르고 감각적인 꽃 작품이 만들어진다.

마지막으로 꽃을 선물함에 있어 포장의 화려함이 꽃을 선물하는 마음의 가치를 높이는 것이 아니라 한 송이의 꽃이라도 진심에서 우러나오는 사랑의 마음, 감사의 마음이 꽃선물의 가치를 더하는 것임을 잊지 않았으면 좋겠다.

이 책을 만들기 위해 그동안 함께 수고하여 주신 여러분들께 깊은 감사를 드리며, 이 책을 통해 많은 사람들이 꽃과 더불어 행복한 삶을 누렸으면 하는 바람이다.

저자 김 혜 정

bijou.empas.com/bijou434

차 례

Part 1 마음을 전하는 꽃다발

contents

마음을 전하는 꽃다발

사랑합니다 1

엽란은 주로 베이스 소재로 많이 쓰이지만 때로는 훌륭한 포장재로서의 역할도 한다.

엽란을 반으로 접어 장미꽃에 둘러주는 것만으로도 색다른 분위기를 낼 수 있어

새삼 꽃을 받는 즐거움을 느끼게 한다. 엽란은 주름이 가도록 접어 투명 테이프를 감아 고정시킨다.

이제 막 데이트를 시작하는 연인이나 자신의 마음을 처음 전하고자 할 때 어울리는 꽃다발로

열렬한 사랑을 상징하는 붉은 장미가 최대한 돋보이도록 디자인했다.

소재 장미, 엽란, 아스파라거스

How to

01 장미를 원형이 되도록 모아준 다음 아스파라거스를 돌려가며 대준다.

02, 03 엽란을 반으로 접어 1의 다발을 감싸듯 돌려가며 잡아준다.

04 줄기를 리본으로 X자 형태가 되도록 감아 진주 핀으로 고정시킨다.

사랑합니다 2

순수한 사랑이라는 꽃말을 가진 알스트로메리아는 장미나 백합, 안개처럼
자주 접하는 꽃이 아니므로 프러포즈에 적합한 꽃이라고 할 수 있다.
빨강색이 전하는 정열과 순수한 사랑을 더해 조금은 다른 프러포즈용 꽃다발을 만들어 보자.
꽃과 같은 컬러의 포장지와 리본을 선택해 심플한 멋을 더했으며 포장지를 화려하게 사용하기 보다는
리본을 이용해 줄기 부분을 꾸며줌으로써 색다른 꽃다발로 완성했다.

 **소재** 알스트로메리아

How to

01 둥근 형태가 되도록 알스트로메리아를 일자로 잡는다.
02 한지를 주름을 만들어 볼륨감 있게 만들어 돌려준다.
03 손잡이 부분을 리본으로 둘레만큼씩 잘라 진주 핀으로 고정시켜 준다.
04 나비보를 접어 위쪽과 아래쪽에 고정시킨다.

마음을 드립니다

최근에는 도저히 어울릴 것 같지 않은, 또는 서로 이질적으로 보일 수 있는 소재들을
섞음으로써 전혀 새로운 느낌을 만들어 목적과 자신의 개성에 따라 자유롭게 연출하는
믹스 앤드 매치 (mix & match) 스타일의 디자인이 많이 나타나고 있다.
플라워 디자인 역시 다른 질감의 꽃과 강렬한 색 대비를 사용함으로써 전혀 새로운 스타일을
만들어 낼 수 있다. 하지만 이럴 경우 꽃뿐만 아니라 포장지와 리본도 전체적인 조화를
고려해 사용해야 한다. 꽃다발의 컬러와 포장지, 리본 사이의 색조에 신경을 기울여
자칫 이질적으로 느껴질 수 있는 디자인을 잡아줄 수 있도록 한다.

소재 수국, 유칼립투스, 장미, 알스트로메리아, 다알리아, 버프리움, 칼라, 램스이어, 엽란

How to

01, 02 준비한 소재를 믹스 앤드 매치하여 돌려 잡는다.
03 전체적인 컬러와 어울렸을 때 중심을 잡아 줄 수 있는 포장지를 선택해 여러 겹으로 감싸준다.
04 리본으로 액세서리를 만들어 자연스럽게 연출한다.

Bouquet for a Graduation Ceremony... One

엽란을 이용한 꽃다발

몇 가지 소재로 기대 이상의 풍성한 꽃다발을 만들 수 있는 영국식 스타일의 디자인이다.

꽃과 꽃 사이에 엽란을 반으로 접어 넣어주면 꽃다발이 더욱 풍성해 보일 뿐 아니라

꽃 색의 투명함을 살려주는 역할까지 한다. 이런 스타일의 꽃다발을 만들 때는

포장재 역시 여러 겹의 습자지와 투명 비닐 포장지를 함께 사용하는 것이

풍성함을 강조하면서 꽃을 돋보이게 하며 고급스러우면서도 깔끔한 이미지를 표현할 수 있다.

 **소재** 장미, 과꽃, 리시안셔스, 카네이션, 샤므록, 엽란, 레몬잎

How to

01, 02 엽란으로 공간을 나누면서 그룹으로 각각의 꽃들을 잡아준다.

03 반으로 접은 포장지를 줄기 부분에 돌려가며 감싼다.

04 투명 비닐 포장지로 한 번 더 감싼 후 리본을 묶어 마무리한다.

Bouquet for a Graduation Ceremony... Two

프리젠탈 꽃다발

졸업식이나 시상식 같은 행사에서 흔히 볼 수 있는 스타일의 꽃다발로 상업적으로 가장
많이 쓰인다. 이런 형태는 꽃 자체의 의미보다 행사를 돋보이게 하거나 촬영을 위해 사용하는
경우가 많은데, 이때 꽃다발은 꽃의 얼굴 표정이 정면을 향하도록 하는 것이 좋다.
꽃만 지나치게 크고 화려한 스타일의 디자인은 행사의 주인보다 꽃만 보일 수 있으므로 좋지 않다.
대신 꽃의 길이를 달리하여 단조로움을 피하도록 한다.

소재 리시안셔스, 장미, 카네이션

How to

01, 02 준비한 꽃의 길이를 다르게 일자로 잡아준다.
03 꽃다발을 받치는 느낌으로 포장지를 길게 두 겹으로 대주고 아래쪽에는 반으로 접은 포장지를 풍성하게 둘러준다.
04 사랑스러운 디자인의 리본으로 보를 만들어 묶는다.

Bouquet for a Graduation Ceremony... Three
알스트로메리아 꽃다발

꽃과 포장재의 색을 통일해 주제를 더욱 돋보이게 해주었다. 노랑색은 태양과 밀접한 연관성을 가지고 있는데 노랑색을 가만 보고 있으면 봄 햇살의 에너지가 느껴진다.

노랑색 알스트로메리아와 안개꽃과도 그 느낌이 비슷한 아킬리아로 만든 꽃다발로 노랑색이 주는 에너지와 밝음, 행복 등이 새로운 도전을 시작할 새내기들에게 어울리는 색조의 꽃다발이다.

간혹 꽃다발 포장을 할 때 꽃보다 더 화려하고 눈에 띄게 하는 경우가 있는데 꽃 자체의 아름다움을 살리기 위해서 꽃들의 얼굴 밑, 줄기 부분만 감싸주는 것이 좋다.

소재 알스트로메리아, 아킬리아

How to

01 얼굴이 모아지도록 알스트로메리아를 잡는다.
02 1의 다발을 감싸듯 아킬리아를 돌려가며 잡아준다.
03 포장지를 반으로 접어 5cm 간격으로 가위집을 낸다.
04 가위집을 낸 포장지를 위 · 아래 두 겹으로 감싼 후 고정한다.

노랑 칼라 꽃다발

한 가지 꽃으로만 연출할 경우 자칫 심심하거나 성의 없어 보일 수 있지만
칼라 같이 독특한 멋을 가진 꽃은 한가지로만 구성하는 것이 오히려 더 멋스럽다.
칼라를 꽃다발로 만들 때는 얼굴이 잘 보이도록 일자로 모아 묶어주는 것이 좋다.
칼라는 줄기가 연한 꽃이므로 와이어를 이용해 꽉 묶지 말고 투명 테이프로 고정해 최대한
줄기에 상처가 생기지 않도록 한다. 투톤 컬러의 칼라에 여러 가지 리본을 자연스럽게 늘어뜨려
화기에 꽂음으로써 칼라의 심플하고도 우아한 멋을 살린 모던한 형태의 디자인이다.

소재 칼라

How to

01 같은 길이의 칼라를 얼굴이 잘 보이게 잡아 준다.

02 꽃다발이 흐트러지지 않도록 투명 테이프로 감아 준다.

03 꽃의 색과 어울리는 화기에 비스듬히 세운다.

04 여러 가지 리본을 섞어 자연스럽게 흘러내리도록 묶어 준다.

흰 장미와 블루 꽃다발

흰색과 그린만으로 꽃다발을 만들었을 때 생길 수 있는 평범함과 밋밋함을
사이사이 옥시페탈룸을 넣어 부드럽고 상큼한 분위기로 연출했다. 이렇듯 옅은 색의 한두 가지 꽃을
사용할 때는 포인트가 되는 색의 꽃을 넣어 디자인한다.
하지만 포인트 색의 꽃이 너무 화려하거나 튀어 보이는 것은 피하는 것이 좋으며
그룹으로 쓰기보다 사이사이 조금씩 넣어주는 것이 더 자연스러운 디자인을 하는 방법이다.

소재 장미, 옥시페탈룸, 레몬잎, 아미

How to

01, 02 장미와 옥시페탈룸, 레몬잎, 아미를 돌려가며 섞어 잡는다.
03 꽃다발이 돋보이도록 포장지를 아래쪽으로 둘러 준다.
04 꽃다발과 어울리는 색감의 리본으로 꽃다발을 묶어 마무리한다.

어버이날 카네이션 꽃다발

소재 카네이션

어버이날이라고 굳이 빨간색 카네이션만 고집할 것이 아니라 다양한 컬러의 카네이션으로 좀 더
컬러풀하고 세련된 디자인으로 연출해 보는 것이 어떨까. 색이 다른 4가지 정도의 카네이션을 준비해
연한 색의 카네이션을 중심으로 그룹지어 꽃다발을 잡아 준다.

어버이날 수국 꽃다발

소재 수국

어버이날을 특별하게 만들어주는 꽃 선물로 카네이션과 더불어 수국이 좋은 재료로 꼽히는데,
수국은 그 자체가 고급스럽고 우아하기 때문에 한지로 한 송이씩 따로 포장해 묶어 주어도 특별한 느낌을
준다. 또 수국 줄기에 물 튜브를 끼워서 포장하면 오랫동안 수국의 아름다움을 감상할 수 있다.

차분한 느낌의 꽃다발

꽃다발을 포장할 때 꽃 색깔과 유사한 색의 포장지를 선택하면 전체적인 색조의 어울림에서 오는
부드럽고 편안한 연출이 가능하다. 꽃을 선물하는 데도 고정관념이라는 것이 작용한다.
어버이날, 스승의 날 등 어른들을 위한 특별한 날, 카네이션이나 장미라는 공식에서 벗어나
고급스러운 여러 소재들을 응용해 오랫동안 기억에 남을 꽃다발을 만들어 보자.
꽃다발을 이중으로 포장할 경우 농도가 다른 유사색의 두 포장지를 선택하는 것이
세련된 연출을 할 수 있는 하나의 방법이다.

 **소재** 창포, 칼라, 장미, 아스크레피아스, 유칼립투스, 리시안셔스

How to

01 창포를 중심에 잡아준 다음 칼라를 사선으로 잡는다.
02 장미와 리시안셔스, 유칼립투스, 아스크레피아스를 차례로 돌려가며 잡는다.
03 나선형으로 잡은 꽃다발을 묶고 준비한 포장지로 2/3 정도 아랫부분을 잡고 둘러 준다.
04 다른 색의 포장지를 짧게 접어 한 번 감쌌던 포장지 위에 더 감싸준 다음 리본으로 묶어 준다.

사랑이 이루어지는 작약 꽃다발

망사 포장은 자칫하면 부담스럽고 유치하게 보일 수도 있다.

하지만 적절히 사용하면 로맨틱하고 귀여운 분위기로도 연출이 가능한 포장 재료이다.

핑크 톤의 꽃다발을 만들어 물방울 무늬가 들어간 얇고 부드러운 망사로 꽃다발을 감싸주면

아주 귀엽고 로맨틱한 꽃다발로 탄생된다. 이렇게 화이트데이나 밸런타인데이, 졸업식 등

특정한 날을 기념하는 꽃 디자인을 할 때는 그날의 특성을 고려하여 포인트를 주어 연출해야 한다.

소재 작약, 아미

How to

01, 02 작약을 중심으로 사이사이 아미를 넣어가며 잡는다.

03 포장지로 꽃다발을 감싼 후 레이스 망사를 덧대 감싸 준다.

04 전체적인 색감과 비슷한 컬러의 리본으로 묶는다.

순백의 청아한 꽃다발

포지 부케 스타일로 파스텔 톤의 꽃을 자연스럽게 모아 잡아 마치 물통 안에 꽃을 꽂은 것처럼
연출해 선물하면 화려한 포장에서 느낄 수 없는 소박한 즐거움을 찾을 수 있다.
꽃다발을 선물할 때 포장지 대신에 가벼운 재질의 화기에 꽂아 선물한다. 꽃다발을 잡을 때는
사용하는 소재의 줄기들을 깨끗하게 다듬은 다음 줄기가 한쪽 방향으로 가도록 잡아 준다.
꽃다발은 플로럴 테이프나 초끈 같은 줄기에 무리가 가지 않는 소재를 선택해 단단히 묶는다.

 **소재** 작약, 레몬잎, 장미, 옥시페탈룸, 램스이어, 유칼립투스

How to

01 작약과 장미를 중심으로 꽃다발을 만들기 시작한다.
02, 03 같은 꽃들을 한쪽으로 모아 가면서 다발을 만들어 묶어 준다.
04 화기에 비스듬히 꽂는다.

Valentine Day
사랑을 전하는 꽃다발

꽃의 배색이 어려울 때는 색상환에서 연속하는 서너 가지 색을 사용하면 정적이면서도
무난한 배색을 구할 수 있다. 꽃다발을 포장할 때는 포장지 색을 꽃다발에 사용된 색 중에서
연한 색과 진한 색을 찾아 함께 사용하면 훨씬 세련된 느낌을 연출할 수 있다.
리본을 사용할 때도 기존에 흔히 하던 것처럼 줄기 부분에 보를 만들어 꾸미는 것보다
꽃다발의 색감과 어울리는 여러 개의 리본으로 액세서리를 만들어 꽃다발에 꽂아 자연스럽게
흐르도록 하는 것도 특별한 꽃다발을 만드는 방법이 된다.

 **소재** 수국, 작약, 장미, 리시안셔스, 유칼립투스, 카네이션

How to

01 수국과 작약을 중심으로 잡는다.
02 전체적인 색감을 고려해 남은 꽃들을 돌려가며 잡아 준다.
03 습자지로 감싼 후 코팅한 포장지로 한 번 더 감싸 볼륨감 있게 포장한다.
04 여러 겹의 리본으로 보를 만들어 한쪽에 꽂아 포인트를 준다.

펄 망사를 이용한 꽃다발

성년의 날에 상징처럼 쓰이는 붉은 장미 외에 비슷한 색상의 작약을 함께 사용하여
조금은 다른 느낌의 축하 꽃다발을 만들어 보았다. 포장은 꽃다발이 주는 화려함과 우아함을
살려 줄 수 있도록 레이스 망사로 감싸듯 포장한다. 예전엔 꽃 포장을 할 때 꽃보다 포장이
더 눈에 띌 정도로 크고 화려하게 했지만 요즘은 꽃과 어울리는 두세 가지로 최소화하여
꽃이 주는 본연의 모습을 즐기고자 하는 경향이 크다.

 **소재** 장미, 작약, 옥시페탈룸, 유칼립투스

How to

01, 02 작약과 장미를 중심에 잡고 다른 꽃들을 돌려가며 잡는다.
03 레이스 망사를 위에서부터 감싸듯 여유롭게 둘러 준다.
04 꽃다발 목 부분에 리본을 단단히 묶어 마무리한다.

어린이를 위한 미니 과꽃

소재 미니 과꽃

어린이를 위한 꽃다발은 꽃 얼굴이 큰 꽃보다 들꽃 같은 잔잔한 꽃으로 꽃다발을 만들어 준다.

꽃다발이 지나치게 클 경우 어린아이들이 손으로 잡기가 힘들기 때문이다.

여러 소재를 사용하기보다 밝고 환한 색의 한두 가지 소재로 디자인하는 것이 아이들에게 더 인기 있다.

어린이가 좋아하는 해바라기

소재 해바라기, 하이페리쿰

8~9월에 피는 태양의 꽃 해바라기는 그 키기가 다른 꽃들에 비해 큰 편이어서 중심을 잡아주거나
단독으로 쓰이는 경우가 많다. 해바라기는 동경과 숭배의 뜻을 가진 꽃으로 꽃의 색과 어울리는 밝고 환한
노랑색 계열의 유사색 포장지로 포장을 해 해바라기가 더욱 돋보이도록 하였다.

신부를 위한 작약 꽃다발

소재 작약, 유칼립투스, 펜스테몬, 레몬잎

작약 같이 특별한 가치의 꽃은 그 하나만으로도 훌륭한 소재가 된다. 하지만 진한 색의 작약만으로 꽃다발을 만들 경우 꽃 얼굴이 뭉쳐 보이거나 어두워 보일 수도 있다. 이럴 때는 그린 소재를 사이사이 섞어 색의 중심을 잡아주는 것이 좋다.

Bride of May

오월의 신부 축하 꽃다발

소재 안개

여성들이 좋아하는 꽃 중의 하나인 안개꽃. 안개를 짧게 다듬어 모아 잡으면 풍성해 보인다.

짧게 다듬어 인위적인 느낌보다 자연스럽게 선과 모양을 그대로 살려 잡고,

포장도 줄기 부분만 레이스 리본으로 감싸 연출하면 깔끔하고 청초한 이미지가 연출된다.

Natural Bouquet... One

청초한 느낌의 꽃다발

부드럽고 소박하고 산뜻한 느낌을 주는 내추럴한 스타일의 꽃다발을 만들 경우 선명하고 뚜렷한
꽃보다 부드럽고 편안한 느낌의 꽃들을 선택하여 사용하는 것이 좋다.
색상은 노랑색, 연두색, 초록색, 갈색으로 된 유사 색상 배색을 주로 사용하는데
흐릿하며 탁한 중간 톤의 은은한 색을 선택하도록 한다. 포장은 전체적인 조화를 고려하여
지나치게 화려하고 딱딱한 느낌의 포장지보다 부드럽고 은은한 한지나 습자지로 하는 것이 좋다.

소재 수국, 카네이션, 리시안셔스, 장미, 아스칠베, 유칼립투스, 덴드로비움, 아스크레디아스

How to

01 카네이션과 수국을 중심으로 하여 꽃다발을 잡아간다.
02 다른 꽃들을 나선형이 되도록 돌려가며 잡는다.
03 파스텔 톤의 포장지를 여러 겹으로 하여 꽃다발을 두른 후 묶어준다.
04 몇 가지 종류의 리본으로 보를 만들어 꽃다발 위에 자연스럽게 웨이브 처리하여 꽃 위로 연결한다.

자연을 닮은 꽃다발

꽃의 얼굴이 크고 화려한 것보다 들꽃 같은 자연스럽고 은은한 색조의 꽃을 선택해 인공적인
형태보다는 자연스럽게 모아 잡아 내추럴한 느낌의 꽃다발을 만들었다.
꽃다발을 포장하지 않은 그대로 리본 하나만 묶어 줄 수도 있지만, 자연스럽고 편안한 분위기를
그대로 살릴 수 있도록 가벼운 질감의 포장지로 꽃다발을 감싸주면 자연적이면서 고급스러운
꽃다발이 된다. 꽃다발을 만들 때는 한 방향으로 줄기가 오도록 돌려 잡아 꽃의 얼굴이 더욱
잘 보이고 다 만든 후 그대로 세울 수 있도록 한다.

 **소재** 샤므록, 옥시페탈룸, 락스퍼, 레이스 플라워, 아킬리아, 리시안셔스, 아스칠베, 유칼립투스

How to

01, 02 자연스러운 느낌이 들도록 꽃들을 섞어 잡는다.
03 파스텔 톤의 두 가지 포장지로 감싼 후 영문 글씨가 들어간 포장지로 한 번 더 감싸준다.
04 여러 가지 리본으로 보를 만들어 꽃다발 앞쪽으로 자연스럽게 고정한다.

꽃다발이란?

꽃다발

생화나 조화 등을 사용해서 다발을 만든 것으로 일반적으로 감상용과 선물용으로 나눌 수 있다. 예전에는 장식적인 역할보다는 기능적인 역할의 비중이 더 컸다. 물 사정이 여의치 않았을 뿐더러 제대로 된 목욕제나 비누가 없었으므로 꽃다발이 냄새 방지 목적을 지녔으며, 질병이나 액운을 막아줄 것이라는 믿음으로도 사용했다. 이외에도 장례식이나 결혼식 등 각종 행사에도 꽃다발을 사용해 왔다. 최근 들어서는 상업적으로 가장 많이 이용되는 꽃 장식의 형태이다.

꽃다발 만들기

❶ 핸드 타이드 꽃다발을 만들 때는 줄기를 그냥 모아 쥐는 것이 아니라 줄기가 긴 X자 모형으로 교차되게 한다. 그래야 꽃다발을 완성했을 때 꽃다발이 둥글게 펼쳐진다.

❷ 1과 같은 방법으로 줄기를 모아 쥐면서 꽃의 높낮이를 달리하면 단조롭지 않으면서 자연스러운 꽃다발을 만들 수 있다. 꽃다발이 완성되면 교차점을 단단히 묶어 고정한다.

❸ 바구니나 화기를 이용할 때는 화기에 물을 먼저 담아 놓고 완성된 꽃다발을 꽂아야 꽃이 마르는 것을 예방할 수 있다.

❹ 꽃다발에 사용하는 꽃도 한 가지 꽃만 사용하는 것보다는 서로 다른 컬러나 모양 등이 잘 어울리는 몇 가지의 꽃과 소재를 섞어 이용하는 것이 보기에 더 좋다.

꽃 종류에 따른 **활용 & 관리** 방법

장미

싱싱한 꽃 고르기 장미는 줄기부터 확인하는 것이 좋다. 줄기는 다시 상·중·하대로 나누어지는데 줄기가 굵고 꽃 얼굴이 큰 것이 중대나 하대보다 싱싱하게 오래 볼 수 있다.

꽃 손질 방법 줄기 손질 시 가시나 이파리를 제거할 때는 물에 담겨지는 부분까지 꽃다발을 할 경우엔 손잡이 밑 부분까지만 제거한다. 가시를 미리 제거하거나 불필요하게 윗부분까지 제거해버리면 공기층의 흡입으로 인해 꽃이 빨리 시들 수 있기 때문이다. 줄기 밑부분은 가위나 칼로 사선이 되게 잘라준다. 꽃잎 중에 짓물린 잎이나 시든 잎이 있으면 빨리 떼 버린다.

꽃다발 & 꽃바구니 이용 장미를 이용한 꽃다발을 만들 때는 그린 잎 소재를 함께 사용하여 꽃다발을 만든다. 투명 비닐 포장은 공기가 차단되어 장미가 빨리 시들 수 있으므로 덥고 습한 여름철에는 피하는 것이 좋다. 꽃바구니에 장미를 꽂을 때에는 될 수 있으면 잎을 다 떼지 않고 꽂는다. 그래야 바구니가 좀 더 풍성해 보일 수 있다. 일반적으로 이벤트 데이에 가장 선호하는 꽃인 장미는 선물하는 시기나 받을 사람의 취향을 잘 파악해서 꽃의 색이나 송이를 선택하는 것이 좋다.

안개꽃

싱싱한 꽃 고르기 깨끗하고 화사한 느낌의 안개꽃은 많는 사람들이 좋아하는 꽃 중의 하나이다. 안개를 고를 때는 줄기 부분이 연두색으로 뚜렷해야 하며, 얼굴은 흰색 빛과 녹색 빛이 어우러져 있고 뭉치를 잡고 흔들었을 때 꽃잎들이 떨어지지 않는 것으로 선택한다.

꽃 손질 방법 안개를 물에 담글 때는 줄기만 물에 담근다. 뿐만 아니라 안개 꽃잎에 물이 직접 닿지 않도록 주의한다. 꽃잎에 물 기운이 많으면 꽃잎이 빨리 짓물러 쉽게 썩어 버릴 수 있기 때문이다.

꽃다발 & 꽃바구니 이용 안개는 다른 꽃과 섞어서 꽃다발을 만들어도 예쁘지만 안개꽃의 곁가지들을 따서 길이를 똑같이 맞추어 만든 작은 꽃다발을 간단하게 포장하는 것만으로 색다르고 예쁜 부케를 만들 수 있다. 안개를 꽃바구니에 이용할 때는 짧게 따서 손질한 줄기를 조금씩 뭉치로 잡아 꽃 사이에 꽂아 주도록 한다.

백합

싱싱한 꽃 고르기 백합을 고를 때는 꽃을 사용할 시기를 고려하여 고르도록 한다. 바로 써야 되는 상황이면 활짝 핀 것을, 며칠 후에 사용하거나 오래두고 볼 경우라면 봉오리 상태인 것을 선택하는 것이 좋다. 또 줄기는 단단한 것이 좋으며 잎에는 상처가 없어야 한다.

꽃 손질 방법 구근 식물인 백합은 줄기가 굵기 때문에 물 속 자르기를 해야 하지만 일반적으로는 공기 중에서 자르는 경우가 많다. 공기 중에서 자를 때는 커터칼이나 꽃칼을 이용해 한 방향에서 사선으로 자른 후 물에 담가야 물올림이 좋아진다. 또 꽃과 잎에 자주 물을 뿌려 공중 습도를 높게 유지하도록 한다.

꽃다발 & 꽃바구니 이용 순결, 순수의 꽃말을 가지고 있는 백합은 꽃을 활짝 피우거나 꽃잎을 한 장 한 장 따서 붙여 릴리멜리아로 만들어 부케로 사용할 때가 많다. 한 송이 꽃포장을 할 때는 꽃이 흰색이기 때문에 그린색의 부직포와 레이스 망사로 포장을 해주면 그 순결함을 더욱 돋보이게 할 수 있다. 백합을 꽃바구니에 꽂을 때는 중앙에 세우거나 길게 세워 백합을 돋보이게 해준다. 백합 꽃바구니엔 자주 물을 뿌려 일정 습도를 유지해 주는 것이 좋다.

프리지아

싱싱한 꽃 고르기 겨울에 주로 볼 수 있는 프리지아는 여러 가지 색을 가지고 있는데 활짝 핀 것보다 약간 봉오리진 것을 선택하도록 한다. 어떤 종류든 절화로 사용되는 식물을 고를 때는 줄기가 굵고 빳빳한 것을 골라야 한다.

꽃 손질 방법 프리지아는 잎이 없는 식물로 특별히 손질할 것이 없지만 물에 꽃을 담글 때는 사선으로 잘라 담그도록 한다.

꽃다발 & 꽃바구니 이용 프리지아는 다른 꽃과 섞어서 꽃다발을 만드는 것보다 프리지아만을 묶어 포장하는 것이 더 예쁘다. 장미와 카네이션과 함께 핸드 타이드로 만들어 신부 부케로 사용해도 좋다. 프리지아 꽃다발을 만들 때는 라운드 형태로 꽃을 잡고 포장도 둥근 형태가 돋보이도록 하는 것이 보기 좋다. 프리지아 꽃은 깔때기 모양으로 생겼기 때문에 꽃바구니에 꽂을 때는 꼬리 부분이 밖으로 향하게 꽂아 주도록 한다.

카네이션

싱싱한 꽃 고르기 5월을 대표하는 꽃인 카네이션은 생명력이 긴 꽃으로 아직 피지 않은 봉오리도 끝까지 피어서 시들기 때문에 약간 피어 있는 것을 고르는 것이 좋다.

꽃 손질 방법 카네이션은 잎을 완전히 제거하고 줄기 마디 부분을 피해 잘라 준다. 카네이션은 물이 닿으면 썩을 수 있으므로 꽃잎에는 물이 닿지 않도록 특별히 주의를 기울이도록 한다.

꽃다발 & 꽃바구니 이용 카네이션은 감사의 마음을 전하고 싶을 때 많이 사용하는 꽃으로 예전에는 주로 빨간색 카네이션을 사용했다. 하지만 요즘엔 다양한 색의 꽃이 있어 신부 부케로도 많이 사용하고 있다. 카네이션은 줄기가 가늘고 약한 편으로 꽃다발로 만들 경우엔 주의해서 다루는 것이 좋다. 바구니에 카네이션을 꽂을 경우에도 너무 길게 잡지 않도록 한다. 꽃 얼굴은 크지만 줄기가 가늘어 자칫하면 목이 부러질 수가 있기 때문이다.

개성이 살아있는 꽃바구니

Natural basket... One

자연스러워 더 예쁜 꽃바구니

얼굴이 크고 화려한 색감의 꽃보다 작고 하늘거리는 느낌의 꽃들을 선택해 자연의 편안한 느낌을
연출해 보았다. 작은 송이의 꽃만 있을 경우 정리되지 않은 듯한 느낌을 줄 수 있는데
뭉치 꽃인 수국을 포인트로 사용하고 밝은 형광 빛의 샤므록을 꽂아 줌으로써 중심을 잡아 준다.
수국 같은 뭉치 꽃을 쓸 때는 다른 꽃들도 그룹으로 꽂아 주는 것이 안정적으로 보인다.

소재 샤므록, 수국, 아미, 옥시페탈룸, 아킬리아, 니겔라

How to

01 수국 잎으로 베이스 처리를 한 후 바구니 한 쪽으로 샤므록을 꽂고 그 옆으로 수국을 꽂아준다.

02, 03 수국 옆으로 아미와 옥시페탈룸을 차례로 꽂는다.

04 니겔라와 아킬리아를 꽂아 좀 더 자연스럽고 풍성하게 만들어 마무리한다.

화사한 패션 바구니

인접한 두 색을 주조색으로 사용하면 자칫 단조로움을 느낄 수 있으므로
대신 다양한 색조의 꽃을 선택해 움직임을 만들어 주도록 한다.
일반적인 바구니가 아닌 패션 바구니에 꽃을 꽂을 경우에는 바구니와 꽃의 색감 및
전체 디자인 형태가 서로 잘 어울리도록 꽂아야 안정적이고 세련돼 보인다.
또 수평 형태로 꽃을 꽂을 때는 리본으로 웨이브를 만들어 꽂아 리듬감을 만들어 주는 것이 좋다.

 **소재** 바프터시아, 레이스 플라워, 과꽃, 알스트로메리아, 칼라

How to

01 바프터시아를 손잡이 양쪽으로 흐르게 꽂아 준 다음 한쪽에 칼라를 길게 늘어뜨려 꽂는다.
02 레이스 플라워를 앞부분에 낮게 모아 꽂는다.
03 앞쪽으로 과꽃을 꽂아 준다.
04 알스트로메리아를 뒤쪽으로 꽂은 다음 컬링 리본을 자연스럽게 꽂아 마무리한다.

Happy birthday to you... One

장미향 가득한 바구니

필러 소재의 꽃 사용이 많을 때는 매스나 뭉치 종류의 꽃은 간격을 두고 여유롭게 꽂아 준다.

서로 다른 역할을 하는 꽃이나 꽃의 얼굴 생김새가 다른 꽃들을 한데 묶어 사용하다보면

의욕이 지나쳐 정확한 디자인 형태가 나오지 않을 수도 있다.

따라서 어느 한 가지 소재를 주로 사용했을 경우 다른 쪽 소재는 절제하여 사용하는 것이

안정적이고 돋보이게 하는 디자인이다.

소재 노무라, 장미, 샤므록, 버프리움, 수국, 아킬리아

How to

01 노무라로 베이스 처리한 후 바구니 옆쪽으로 수국을 꽂는다.

02 바구니 중간 부분에 장미를 꽂고, 장미 옆 바구니 가장자리로 샤므록을 꽂아 준다.

03 버프리움과 아킬리아의 길이를 다르게 하여 꽂아 깊이감을 만든다.

04 마무리로 나비 액세서리를 꽂아 준다.

정성 가득한 어버이날 바구니

어버이날과 빨간 카네이션은 뗄 수 없는 조합처럼 생각되기도 하지만
가끔은 그런 고정관념에서 벗어나면 뜻밖의 좋은 결과를 얻을 수 있다.
두 가지 정도의 연한 색 카네이션에 비슷한 컬러의 수국과 소재들을 섞어 바구니를
만들어 주면 세련되면서도 부담스럽지 않은 디자인의 바구니가 만들어진다.
일반적인 리본 장식보다 가죽 재질의 하트 픽을 이용해 조금 더 색다른 바구니를 만들어 보자.

 **소재** 수국, 카네이션, 스프레이 카네이션, 아스칠베, 스마일락스, 아킬리아

How to

01 스마일락스로 베이스 처리를 하고 한쪽 옆으로 수국을 깊게 꽂아 준다.

02 카네이션과 스프레이 카네이션을 섞어 밀도 있게 꽂는다.

03 수국 옆으로 자연스럽게 아스칠베를 꽂아 디자인을 완성해간다.

04 바구니 중앙에 하트 픽을 꽂아 꾸며 준다.

Bamboo basket

화사함을 더하는 왕골 바구니

긴 바스켓을 이용할 경우 중심 부분에 포컬 포인트가 한쪽으로 약간 치우쳐 흐르는 느낌이
들도록 디자인하는 것이 좋다. 꽃을 꽂을 때도 크레센트 형이나 S자 형태로 꽂는 것이
바구니와 어울리면서 꽃도 함께 살릴 수 있는 방법이다.
버프리움 같은 연하고 긴 줄기의 소재로 자연스럽게 흐르는 형태의 크레센트를 만든 후
수국과 작약으로 중심을 잡아주면 선물은 물론 매장의 디스플레이용 소품으로도 손색이 없다.

소재 아스파라거스, 퍼프리움, 수국, 작약

How to

01 바구니 둘레를 따라 여유를 두고 아스파라거스를 꽂는다.
02 버프리움을 바구니 양쪽에 높이를 약간 달리하여 꽂는다.
03 두 가지 색의 수국을 바구니 가장자리 쪽과 위쪽으로 꽂아 준다.
04 작약을 꽂아 마무리한다. 길이가 높은 바구니일 경우 얼굴이 큰 꽃을 꽂아 비율을 맞춘다.

달콤한 밸런타인데이 바구니

소재 아스파라거스, 장미, 리시안셔스

핑크와 화이트를 주조색으로 선택해 로맨틱하고 따뜻한 느낌이 들도록 하였다. 독특한 문양의 바구니와 가죽 소재의 하트 픽으로 무난한 색감의 꽃들을 조금 특별한 느낌이 들도록 했다. 꽃은 너무 빽빽하게 꽂기보다 조금 여유를 두고 꽂는다.

사랑하는 사람을 위한 바구니

소재 레몬잎, 장미, 리시안셔스

레몬잎의 싱그러움을 살려주면서 장미를 짧게 잘라 사선으로 꽂아 준다. 레몬잎의 그린이 장미를 더욱 돋보이게 하는 디자인으로 꽃을 바구니에 너무 풍성하게 꽂지 않도록 주의한다. 보라색의 리시안셔스를 꽂아 분위기 있는 꽃바구니의 느낌을 살려 준다.

정원 느낌이 가득한 바구니

얼굴이 크고 화려한 작약 같은 꽃으로 바구니를 꽂을 때는 여러 종류의 꽃을 함께 사용하기보다
그린 종류의 잎 소재를 많이 꽂는 것이 좋으며, 바구니에서 너무 높지 않게 꽃을 꽂아야 한다.
얼굴이 큰 꽃을 높이 꽂으면 바구니가 무겁고 답답해 보일 수 있기 때문이다.
작약을 꽂은 반대쪽에는 작약보다 짙은 색의 꽃을 꽂아 깊이감과 함께 시각적인 균형을
잡아주도록 한다.

소재 노무라, 작약, 리시안셔스, 강아지풀, 아킬리아, 펜스테몬

How to

01 노무라로 베이스 처리하여 플로랄 폼을 가린 후 중앙과 앞쪽으로 작약을 꽂는다.
02 반대쪽으로 리시안셔스를 깊게 꽂아 준다.
03, 04 양쪽 바깥쪽으로 강아지풀과 펜스테몬을 꽂아 균형을 맞춘다.

그녀를 위한 생일 바구니

색을 어떻게 쓰느냐에 따라 디자인이 주는 느낌은 천차만별로 달라지게 마련이다.

같은 종류의 꽃을 메인으로 쓸 때는 색을 달리하여 깊이 있는 색감을 만드는 것도 괜찮다.

하지만 두 꽃 사이에 연결되는 색을 넣어 다소 한쪽으로 치우칠 수 있는 색의 균형을 잡아줘야 한다.

비슷한 높이의 꽃을 꽂을 때도 색의 선택에 신경을 써 깊이감이 느껴지도록 꽃을 꽂아 준다.

소재 수국, 장미, 리시안셔스, 니겔라, 노무라, 옥시페탈룸, 작약

How to

01 바구니 한쪽으로 보라색 수국을 꽂는다.

02 반대쪽으로 옅은 색의 수국을 꽂고 중앙에 장미를 꽂아 준다.

03 보라색 수국 뒤로 작약과 리시안셔스를 꽂는다.

04 니겔라와 옥시페탈룸을 장미와 연한 색 수국 사이사이에 꽂고, 바구니 아래쪽에 둘러 노무라를 꽂아 준다.

축하의 마음을 담은 바구니

여러 가지 색의 소재를 한 번에 사용할 경우 1차, 2차, 3차 색을 함께 사용하도록 한다.
원색의 1차색을 주 배색으로 사용할 경우 장식적인 화려함과 성숙한 느낌을 갖게 하지만
자칫 잘못 배색하면 색만 눈에 띄고 꽃이 보이지 않거나 정돈되지 않는 느낌을 줄 수 있다.
따라서 대칭되는 지점에 옅은 색의 꽃을 사용해 한 번 색을 잡아주는 것이 전체 밸런스를
맞추는 방법이다.

 **소재** 수국, 작약, 리시안셔스, 샤므록, 덴드로비움, 레이스 플라워, 장미

How to

01 수국을 바구니 한쪽 끝부분에 꽂아 준다.

02 레이스 플라워와 덴드로비움을 수국 옆에 꽂는다.

03 반대쪽에 짙은 색의 작약과 리시안셔스를 꽂는다.

04 옅은 색인 샤므록과 장미를 꽂아 색의 균형을 맞춘다.

번창을 바라는 축하 바구니

보통 개업식 꽃선물이라 하면 넓은 리본에 '축 개업' 같은 글씨를 인쇄해 주는 것을 생각하기 마련인데 리본 대신에 메시지 카드를 만들어 달아주는 것도 색다른 선물이 될 수 있다.

사용하는 꽃 또한 활짝 핀 상태의 꽃도 좋지만 봉오리 상태의 꽃을 꽂아 며칠 더 꽃을 즐길 수 있도록 하는 것이 좋다. 또한 개업식이기 때문에 화사한 색과 약간 어두운 색을 적절히 섞어 세련되면서 은은한 느낌이 들도록 해 준다.

 **소재** 르네브, 레몬잎, 펜스테몬, 레이스 플라워

How to

01 레몬잎을 사선으로 꽂아 베이스 처리한다.

02 아직 덜 핀 르네브를 길게 세운다.

03 펜스테몬을 길게 꽂아 주고 레이스 플라워를 중간부터 약간 낮게 꽂는다.

04 메시지 카드를 달아 마무리한다.

Midsummer basket

청량함을 더하는 여름 꽃바구니

타원형의 바구니를 사용할 땐 꽃도 바구니의 형태에 따라 꽂아주는 것이 안정적이고
세련된 분위기로 연출할 수 있는 방법이다. 여름 분위기의 꽃바구니로 연출하고자 할 때는
파스텔 색조의 꽃을 선택하되 최대한 시원한 느낌이 나는 소재를 사용하는 것이 좋다.
주 소재로 사용한 꽃이 가지고 있는 색에 일부 포함되거나 인접한 색을 사용함으로써 밸런스를
맞추고 리본 또한 눈에 띄는 것 보다 꽃과 어울리는 색을 선택해 사용한다.

 소재 수국, 장미, 샤므록, 니겔라, 옥시페탈룸, 르네브, 유칼립투스

How to

01 바구니에 플로랄 폼을 세팅한 후 한쪽으로 수국을 모아 꽂는다.

02 반대쪽에 흰색 장미를 수국보다 약간 높게 꽂아 준다.

03 샤므록, 니겔라, 옥시페탈룸, 르네브를 꽂아 리듬감을 만들어 준다.

04 바구니의 색과 어울리는 리본 액세서리를 꽂아 마무리한다.

Basket for the patient visit

차분한 분위기의 바구니

장식적인 요소가 강한 바구니의 경우 꽃을 너무 화려하게 꽂지 않도록 한다.
바구니도 디자인의 한 요소이기 때문에 독특한 바구니에 꽃까지 지나치게 화려하거나
요란한 형태의 디자인으로 꽂을 경우 바구니도 꽃도 서로 겉돌기만 할 뿐이다.
특히 꽃을 사용하는 목적에 따라서도 바구니의 형태는 달라져야 하는데 병문안의 경우에는
요란하지 않은 독특한 형태의 바구니에 깨끗하고 심플한 디자인과 꽃을 선택해 안정감을
느끼도록 해야 한다.

 **소재** 바프터시아, 장미, 카네이션, 리시안셔스, 아스칠베, 유칼립투스

How to

01 바프터시아를 꽂아 베이스 처리한 후 핑크 장미와 흰 장미를 꽂아 준다.
02 간격을 두고 카네이션을 꽂는다.
03 앞쪽을 중심으로 리시안셔스를 약간 낮게 꽂는다.
04 아스칠베와 유칼립투스를 한쪽으로 늘어지게 꽂는다.

공간을 아름답게 걸이용 바구니

걸이용 바구니에 꽃을 꽂을 때는 위쪽보다 아래쪽을 더 신경 써서 꽂아 준다.

손잡이가 있는 바구니와 달리 벽걸이용 바구니엔 아래로 흐르는 소재를 선택해 꽂는 것이

자연스러운 느낌을 더하는 방법이다. 스마일락스를 약간 아래로 흐르듯이 꽂은 후

크림색의 가벼운 계열의 장미를 주 소재로 사용해 내추럴한 스타일이 더욱 돋보이도록 한다.

꽃이 시들면 바구니에 가지가 아래로 흐르는 식물을 넣어 사용하기도 한다.

소재 스마일락스, 장미, 카네이션, 아스크레피아스

How to

01 플로랄 폼을 세팅한 바구니에 스마일락스를 꽂는다.

02 얼굴이 활짝 핀 장미를 깊게 꽂아 준다.

03 카네이션을 장미 아래쪽으로 낮게 꽂는다.

04 아스크레피아스를 꽂아 빈 공간을 채운다.

For Bride of May

사랑스러운 신부를 위하여

수줍음이라는 꽃말을 가진 작약 중에서 더욱 사랑스러운 핑크 톤의 꽃을 주 소재로 사용한다.
로맨틱한 분위기로 연출한 바구니로 신부에게 특히 어울리는 디자인이다.
작약은 그 자체만으로도 충분히 아름다운 꽃이기 때문에 다른 꽃들과 함께 사용할 때는
꽃의 가짓수를 최소화하는 것이 좋다. 또 작약의 얼굴이 흐트러지거나 가려지지 않도록
충분한 공간을 두고 꽂아 주도록 한다.

 **소재** 노무라, 작약, 아미

How to

01 노무라를 바구니 가장자리 쪽으로 돌려가며 꽂는다.
02 작약은 중앙을 중심으로 풍성하게 꽂아 준다.
03 작약 사이사이에 아미를 꽂아 단조로움을 피한다.
04 하트 픽을 사선으로 꽂고 바구니 앞쪽에 메시지 카드가 달린 리본을 고정시킨다.

Bouquet for Teacher's Day

중후한 느낌의 꽃바구니

봉오리 상태로 핀 글라디올러스를 사용할 경우 약간 공간을 두고 꽂는 것이 좋다.

글라디올러스는 한 줄기에 여러 송이의 꽃이 피기 때문에 꽃이 피고 나면 겹치는 부분이 생겨

답답해질 수가 있다. 리본은 바구니 손잡이에 직접 묶지 않고 꽃의 일부처럼 바구니에

직접 꽂을 때는 꽃과 비슷한 색의 리본을 선택한다.

자연스러운 웨이브를 만들어 꽃 사이의 비어 있는 듯한 공간에 꽂아 준다.

 **소재** 노무라, 글라디올러스, 리시안셔스, 유칼립투스

How to

01 노무라로 베이스 처리한 후 한쪽으로 글라디올러스를 사선으로 꽂는다.

02 반대편에 여유를 두고 리시안셔스를 꽂는다.

03 사이사이 유칼립투스를 약간 길게 꽂아 준다.

04 꽃의 색과 어울리는 리본으로 액세서리를 만들어 자연스럽게 흐르도록 꽂아 준다.

Charming basket for Mini-China aster

귀여운 미니 과꽃 바구니

미니 과꽃은 얼굴이 작고 앙증맞은 형태이기 때문에 짧게 잘라 키를 비슷하게 모아 꽂는다.
또한 미니 과꽃은 들꽃같은 자연스러운 느낌을 주기 때문에 지나치게 깔끔하게
디자인하면 인위적이고 어색해 보일 수 있으므로 최대한 자연스럽게 꽂도록 한다.
축하 메시지도 리본에 인사를 적는 흔히 볼 수 있는 방법보다는 작은 메시지 카드를 만들어
달아주는 것이 더 의미 있는 선물이 될 것이다.

소재 아스크레피아스, 미니 과꽃, 니겔라, 바프터시아

How to

01 아스크레피아스 잎을 바구니 전체에 낮게 꽂는다.
02 짧게 자른 미니 과꽃을 바구니 전체에 풍성하게 꽂는다.
03 과꽃 사이사이에 니겔라를 꽂아 단조로움을 피한다.
04 바구니 손잡이에 메시지 카드를 달아 마무리한다.

Opening ceremony basket... Two

개업 축하 바구니

직사각형 형태의 바구니는 일반적인 형태로 꽃을 꽂기보다 위로 뻗는 파랄렐 형태로
균형을 맞추면서 꽂는 것이 좋다. 비대칭의 형태로 마치 식물이 생장해 나가는 듯한 느낌을
주면서 주 그룹, 대항 그룹, 보조 그룹의 형태를 살려 꽃을 꽂는다.
개업식이나 행사용으로 사용되는 꽃바구니는 꽃의 길이를 너무 높지 않게 꽂는 것이 좋다.
그래야 운반하기 용이할 뿐 아니라 원하는 곳에 두고 보기에도 좋다.

 **소재** 바프터시아, 락스퍼, 장미, 덴드로비움, 가일라디아, 강아지풀

How to

01 바프터시아를 바구니에 낮게 꽂은 후 락스퍼를 길게 세워 꽂는다.

02 락스퍼 아래 바구니 가운데쯤에 장미를 낮게 꽂아 준다.

03 덴드로비움을 락스퍼보다 약간 낮게 꽂는다.

04 나머지 꽃들을 장미의 키와 비슷하게 꽂아 완성한다.

Fashion basket... Three

생기 발랄 패션 바구니

바구니가 화려할 때는 꽃은 단조롭게 선택하도록 한다. 라운드 형태의 독특한 스타일의
바구니에 몇 가지 종류의 꽃을 사용했지만 비슷한 색의 꽃들을 사용해 통일된 느낌을 주었다.
이렇게 바구니나 화기가 화려할 때는 여러 가지 종류의 꽃을 사용하더라도 색을 단순화시켜
심플한 멋이 돋보이도록 하고, 반대로 단순하고 평범한 화기나 바구니일 경우엔 다양한 색감의
꽃을 사용해 약간은 화려해 보이도록 한다.

소재 스마일락스, 르네브, 장미, 다알리아, 덴드로비움, 강아지풀

How to

01 스마일락스를 바구니 둘레에 돌려가며 꽂은 후 르네브를 꽂아 준다.
02 덴드로비움을 중간쯤 한 송이 꽂고, 장미를 그룹으로 조금 여유롭게 꽂는다.
03 르네브 옆으로 다알리아를 볼륨감 있게 꽂아 준다.
04 강아지풀을 꽂고 아래쪽으로 리본 액세서리를 꽂아 완성한다.

Natural basket... Two

내추럴 바구니

자연 소재의 바구니엔 지나치게 화려하거나 화사한 꽃은 어울리지 않는다.
전체적으로 약간 탁해 보이는 색조를 가진 꽃들을 선택해 고급스러운 느낌을 더하고자 했다.
작약은 빨강색보다는 검정이 많이 들어가 있는 것을 고르고, 덴드로비움이나 리시안셔스도
한 톤 어두운 것을 선택하도록 한다. 꽃을 꽂을 때도 그룹으로 꽂아 깊이감 있고 고급스러운
느낌을 더한다.

소재 덴드로비움, 작약, 카네이션, 리시안셔스, 아스칠베, 락스퍼, 펜스테몬

How to

01 중심에 덴드로비움을 꽂은 다음 작약을 한쪽으로 꽂아 준다.

02 작약의 색과 비슷한 카네이션을 반대쪽에 사선으로 꽂는다.

03 두 가지 색의 리시안셔스를 앞쪽을 중심으로 낮게 모아서 꽂는다.

04 나머지 꽃을 꽂아 바구니를 완성한 후 액세서리로 꾸며 준다.

개성이 살아있는 꽃바구니

꽃바구니의 의미

　꽃다발과 함께 대표적인 꽃장식의 형태로 1953년 미국의 스미더스 오아시스사에서 흡수성 플로랄 폼을 상품화하면서 본격적으로 꽃 장식에 이용되기 시작했다. 화기에 비해 바스켓 가격이 저렴하고 가벼우며 운반 또한 용이해 각종 이벤트 상품으로 사용되고 있다.

상품으로 나갈 때 주의사항

❶ 플로랄 폼이 바구니에서 움직이지 않도록 잘 고정시킨다.

❷ 바구니에 내장되어 있는 비닐이 있더라도 비닐을 한 번 더 깔아 물이 새지 않도록 주의한다.

❸ 플로랄 폼에 꽃을 꽂을 때는 운반할 때 움직이지 않도록 깊이 꽂는다.

❹ 바구니에서 디자인이 너무 벗어나지 않도록 꽃을 깊이 꽂는다.

누구나 할 수 있는 꽃꽂이

❶ 어떤 스타일을 할 것인지 결정했다면 전체 색상과 색조를 결정한다.

❷ 귀엽고 로맨틱한 스타일을 원한다면 피치 + 핑크, 클래식하고 우아한 멋을 내고 싶다면 보라 + 라벤더, 심플하고 모던한 스타일을 원한다면 화이트 색조로 매치한다.

❸ 그룹을 이루어 꽃을 꽂을 때는 홀수로 맞추는 것이 세련돼 보인다.

❹ 꽃의 얼굴이 서로 부딪치지 않도록 조심하면서 키를 맞춘다.

❺ 포장지와 꽃의 색이 비슷할 경우 꽃이 돋보이지 않을 수 있으므로 포장지는 꽃 색보다 한 톤 어둡게 하는 것이 좋다.

❻ 꽃만 가지고 연출하기 어려운 경우 꽃봉오리나 열매를 이용해 포인트를 주어도 괜찮다.

플로랄 폼을 이용한 꽃꽂이

❶ 플로랄 폼이란 꽃꽂이할 때 사용하는 것으로 벽돌 모양의 블록 형태를 하고 있으며 한 개당 1L 정도의 물을 흡수한다. 플로랄 폼을 물에 적실 때는 손으로 누르지 않도록 주의해야 한다. 억지로 물을 흡수시킬 경우 오히려 수분 흡수가 잘 안될 수 있기 때문이다. 플로랄 폼이 충분히 물을 먹었으면 사용하는 바구니나 화기 크기에 맞게 자르거나 연결한다.

❷ 플로랄 폼을 가리기 위한 잎이나, 앞 또는 옆쪽으로 늘어뜨릴 열매 등의 소재를 먼저 꽂는다.

❸ 완성된 디자인을 머릿속에 그리면서 그 높이와 형태에 맞도록 양 옆과 앞뒤, 중앙, 중심부에 꽃과 소재를 꽂아 전체적인 아우트라인을 잡아 나간다.

❹ 형태와 컬러를 고려하여 중간 중간 메워 나간다. 풍성한 느낌을 내고자 할 때는 빈곳이 없도록 촘촘하게 꽂아 준다.

좋은 꽃 고르는 방법

❶ 약간 핀 꽃을 선택한다
보통의 환경에서 꽃을 피우기란 어렵다. 그러므로 약간 피기 시작한 꽃을 선택하는 것이 좋다.

❷ 싱싱할수록 비싸다
야채와 마찬가지로 꽃도 싱싱하고 좋은 꽃일수록 비싸다.

❸ 꽃송이는 크고 대는 굵을수록 좋다
일반적으로 꽃은 송이가 크고 선명한 것이 좋으며 대는 굵고 긴 것이 좋다. 잎사귀가 달린 것은 잎이 푸르고 싱싱한 것으로 선택한다.

❹ 꽃은 서늘한 곳에 보관한다
따뜻한 곳보다 서늘한 곳이 꽃이 피는 속도가 더디다. 중요한 일을 앞두고 있다면 하루 정도 냉장고에서 보관하는 것도 괜찮은 방법이다.

❺ 조금씩 자주 구입한다
한꺼번에 많은 꽃을 사기보다 그때 그때 필요한 만큼만 사는 것이 좋다. 절화의 생명은 길어야 일주일을 넘기기 힘들기 때문이다.

❻ 제철 꽃을 사용한다
과일과 마찬가지로 제철 꽃이 훨씬 자연스럽고 색이 좋다.

❼ 장미는 출하 시부터 상·중·하가 구분된다
장미는 상품과 하품의 구별이 확실하다. 하지만 대부분의 상품은 출하되어 어떻게 관리하느냐에 따라 질이 결정된다.

❽ 냉동 꽃은 꽃 상태에 주의한다
온도 차가 심하면 꽃이 탈색되거나 습진에 걸리는 등 꽃의 상태가 좋지 않게 되며 봉오리 상태의 꽃은 피지 않을 수가 있다.

❾ 물에 담가둔 꽃은 줄기 부분을 잘 살핀다
물에 오래 담겨 있으면 줄기 부분이 물러질 수 있으므로 줄기가 무르지 않고 깨끗한 것을 고르도록 한다.

장미에 관한 짧은 이야기

장미에 가시가 있는 이유?
형태학적인 측면에서 봤을 때는 해충이 위로 올라와 꽃에 피해를 입히는 것을 방지하기 위한 자기 방어책의 하나이다.

파란색 장미꽃이 없는 이유?
장미의 색을 내는 유전자에는 파란색을 내는 유전자가 없다. 시중에서 볼 수 있는 파란색 장미는 염색을 한 것이다.

장미를 받으면 기분이 좋아지는 이유?
장미꽃 향기에는 여성 호르몬을 자극하는 성분이 들어 있어 장미향을 맡으면 스트레스가 해소되며, 기분이 좋아지고 자신이 예뻐 보인다.

장미 목욕하기
농약 흔적이 없는 꽃봉오리 상태의 장미를 골라 욕탕에 넣어두면 물의 온도에 의해 서서히 꽃이 피어 향이 베어 나온다.

장미 향수 만들기
입구가 넓은 유리병에 에탄올을 붓고 싱싱한 장미 꽃잎을 잠길 정도로 넣는다. 하루 정도 지나 용액만 걸러 담고 냉장고에 넣어 필요할 때마다 2배 희석하여 사용한다.

장미꽃잎 마사지하기
투명한 용기에 굵은 소금과 장미 꽃잎을 3 : 1의 비율로 넣고 밀폐시켜 보관했다 약 1주일 지난 뒤 샤워 후 마사지한다.

화기를 이용한 꽃선물

Decoration of interior small piece
물조리로 꾸민 인테리어 소품

소재 작약, 다알리아, 옥시페탈룸

주변에서 흔히 보이는 여러 가지 소품들이 때로는 훌륭한 화기로 쓰일 수 있다. 귀여운 모양의 물조리에
플로랄 폼을 세팅하고 꽃을 꽂아 주면 비싼 화기가 아니라도 충분히 특별한 디자인으로 만들 수 있다.
물조리의 색감과 비슷한 꽃들로 꽂아 아기자기하고 산뜻한 느낌을 더해 주었다. 선물로 사용할 경우
물조리의 손잡이 부분에 메시지 카드를 달아주면 장식적인 효과와 함께 선물의 의미도 더할 수 있다.

화기를 돋보이게 하는 리본 장식

화기를 꼭 하나만 사용할 것이 아니라 같은 디자인의 다른 색 화기를 여러 개 겹쳐 사용하면
보다 감각적인 디자인으로 연출할 수 있다. 이때 사용하는 꽃들은 화기의 색과 연결되는
꽃으로 해야 화기와 꽃이 하나의 작품으로 보여진다.
화기를 여러 개 겹쳤기 때문에 꽃은 낮게 꽂아 주는 것이 좋으며 여러 가지 종류의 리본을
아래쪽에서 길게 늘어뜨리면 장식 효과와 함께 꽃만 지나치게 커 보이는 것을 막아준다.

소재 수국, 리시안셔스, 헬라로시스, 알스트로메리아, 장미, 다알리아, 싱고니움

How to

01 색깔별로 화기를 겹쳐준 다음 수국과 장미를 꽂는다.

02 헬라로시스와 장미, 다알리아를 꽂아 형태를 잡아 나간다.

03 나머지 꽃들을 전체 색조에 맞춰 꽂아 준다.

04 아래쪽에 길게 늘어뜨린 리본을 고정시켜 준다.

Diverse flower bowls

여러 개의 화기 장식

소재 카네이션

꽃의 길이와 질감을 맞춰 색을 강조한 디자인으로 화기와 꽃의 색을 어울리도록 하는 것이 중요하다. 화기의 색보다 약간 짙은 꽃을 선택해 꽃을 낮게 꽂고 단순한 형태의 리본을 장식해 단순하지만 깔끔한 디자인으로 완성했다. 스승의 날이나 어버이날 흔히 생각하는 빨간 카네이션 바구니나 다발 대신 이런 스타일을 선물한다면 좀 더 특별한 선물이 되지 않을까.

Heart decoration

사랑고백을 위한 꽃장식

자주 볼 수 있는 일반적인 꽃이라도 액세서리를 어떻게 활용하느냐에 따라 전혀 다른 느낌의
디자인으로 만들 수 있다. 이런 형태는 어떤 이벤트가 필요한 날에 더욱 어울리는 것으로
꽃의 종류를 제한해 꽃의 화려함보다는 이벤트의 의미를 더욱 강조하도록 한다.
이렇게 장미 줄기에 다른 액세서리를 끼워 사용하는 경우 꽃의 길이를 맞춰 꽂아 액세서리가
돋보이도록 해준다.

소재 카네이션, 장미

How to

01 꽃 모양의 액세서리에 장미를 끼운다.
02 플로랄 폼을 세팅한 화기에 하트 모양의 형태로 장미를 꽂아 준다.
03 화기 바로 위에 스프레이 카네이션을 둘러 꽂아 플로랄 폼을 가려 준다.

Flower decoration for spring welcoming

싱그러운 봄꽃 장식

노란색 계열의 유사색 조화를 통해 경쾌한 느낌을 더해 주었다.

밝고 건강한 이미지의 노란색은 봄이라는 계절에 더없이 어울리는 색이다.

하지만 노란색은 의외로 배색하기 어려운 색으로 색상과 색조의 선택에 신중해야 한다.

보라 톤의 니겔라를 포인트 색으로 사용해 고고함과 화려함을 더해 준다.

 **소재** 장미, 퐁퐁소국, 유칼립투스, 바프터시아, 니겔라, 버프리움, 다알리아

How to

01 바프터시아와 유칼립투스로 베이스 처리한 후 장미를 원 형태가 되도록 꽂아 준다.

02 퐁퐁소국을 꽂아 원의 형태를 완성해 나간다.

03 버프리움으로 남은 공간을 채우면서 색의 연결감을 준다.

04 보라색 니겔라를 꽂아 악센트를 주어 마무리한다.

Splendid flower bowl decoration

독특한 화기로 꾸민 꽃장식

소재 후룩스, 옥시페탈룸, 펜스테몬

독특한 디자인의 크기가 다른 화기를 두 개 준비한다. 후룩스와 옥시페탈룸을 파베 스타일로 촘촘하게
꽂고 펜스테몬의 선을 살려 가운데 꽂아 준다. 화기도 꽃과 함께 플라워 디자인을 이루는 한 요소이기
때문에 꽃은 물론 화기의 선택도 중요하다. 화기의 형태나 색상에서 주는 이미지를 꽃과 함께 표현하여
장식적인 이미지를 최대한 살리도록 한다.

Children's birthday party

어린이 생일 파티

소재 다알리아, 퐁퐁소국, 레몬잎

이런저런 이유로 여러 가지 모양의 종이상자들이 생기게 마련이다. 캐릭터를 오려붙이거나 변형시켜 아이들이 좋아할만한 상자로 변형시킨 후 꽃을 꽂는다. 아이들에게 꽃 선물을 할 때는 화려한 색감의 여러 가지 꽃을 섞어주기보다는 밝고 환한 색의 꽃을 한두 가지 정도로 한정해서 주도록 한다.

로즈멜리아 장식

소재 장미, 안개

식사 테이블이나 파티 테이블 장식의 경우 여러 가지 종류의 꽃을 화려하고 늘어지게 꽂는 것보다
한두 가지 소재를 이용해 깔끔하게 꽂아 장식하는 것이 좋다. 색이 다른 여러 개의 화기를 준비해 화기와
어울리는 꽃을 꽂아 테이블 가운데 두면 식사에 방해가 되지 않으면서 장식적인 효과까지 누릴 수 있다.

유리 화기와 장미

소재 장미

보통 꽃 선물을 받으면 유리컵 등에 한 송이씩 꽂거나 꽃다발채로 화병에 꽂아두는 정도로 관리한다.

하트 모양으로 생긴 독특한 유리 화기에 똑같은 길이로 자른 장미를 돌려가며 꽂아주거나

줄기가 나선형 형태가 되도록 꽃다발을 만들어 꽂아 보는 건 어떨까?

Valentine Day flower decoration

밸런타인데이 꽃장식

소재 장미, 엽란

사랑의 상징인 빨간 장미는 각종 이벤트에 가장 많이 찾게 되는 꽃이다. 빨간 장미 한 종류만 사용하기도
하고 다른 꽃과 섞어 사용하기도 하는데, 엽란을 이용하는 것도 괜찮은 방법 중 하나이다.

엽란을 반으로 접어 고정시킨 후 섹션을 나누듯 장미 사이 사이에 꽂아 장미만 꽂는 단조로움을 피한다.

Luxurious Spring - Presenting decoration

화사한 봄 장식

소재 작약, 레이스 플라워

화기와 꽃이 보여주는 색의 어울림을 느끼게 하는 디자인이다. 진한 자줏빛 꽃에서부터 연한 핑크색의 꽃까지 고급스럽고 매혹적이며 사랑스러운 배색으로 작약 한 가지 꽃만 사용했어도 다양한 색 때문에 다채롭게 보인다. 또 악센트로 흰색의 레이스 플라워를 사이사이 꽂아 부드러움을 더해 주었다.

Calla decoration

칼라의 느낌을 그대로…

소재 칼라, 카네이션

화기의 색조가 강하기 때문에 플로랄 폼에 여러 종류의 꽃을 꽂는 것보다 화기의 모양에 맞게
꽃의 자연 줄기를 그대로 살려 연출하는 것이 더 좋다. 칼라 여러 대를 자연스럽게 묶어 물을 부은 화기에
담그는데, 물에 잠기는 줄기 부분에 살짝 칼집을 내어 물의 흡수가 원활하도록 해준다.

사랑을 밝혀주는 초장식

고상한 분위기에 어울리는 초 장식으로 꽃의 색이 짙고 화려한 편이기 때문에 초는 일반적인
흰색의 초를 그대로 사용하는 것이 좋다. 작약을 중심으로 장미와 짧게 자른 덴드로비움을
꽂아 깊이감을 완성해준다. 초가 움직이는 것을 방지하기 위해선 중심에 정확하게 고정하는
것이 중요하며 꽂은 초를 받쳐주는 듯한 느낌으로 연출하도록 한다.

 **소재** 작약, 장미, 카네이션, 펜스테몬, 덴드로비움

How to

01 플로랄 폼을 세팅한 화기의 가운데를 비우고 작약과 장미를 둘러 꽂는다.

02 짙은 색의 카네이션을 꽂아 전체적인 색을 잡아 준다.

03 사이사이 펜스테몬과 덴드로비움을 꽂아 공간을 채운다.

04 가운데 흰색 초를 단단하게 고정시킨다.

Simple flower decoration for a dining table
쉽게 꾸미는 테이블 꽃장식

생일 파티의 디스플레이용이나 병문안 시 들고 가기에 어울리는 디자인이다. 바나나의 형태와
어울리는 화기를 골라 몇 가지 과일과 꽃으로도 재미있는 꽃 장식품을 만들어 낼 수 있음을
보여준다. 과일을 이용한 화기 디자인을 할 때는 과일이 움직이지 않도록 과일을 고정하는 것에
주의를 기울여야 하며 여러 가지 과일을 함께 사용할 때는 물이 많거나 무르기 쉬운 과일은
피하도록 한다.

소재 스프레이 카네이션, 장미, 바나나, 방울토마토

How to

01 화기 한쪽 끝으로 바나나를 고정시켜 준다.

02 남은 공간에 스프레이 카네이션을 일렬로 둘러 꽂는다.

03 스프레이 카네이션 위로 방울토마토를 꽂아 준다.

04 장미와 스프레이 카네이션을 꽂아 마무리한다.

토피어리 형태의 꽃장식

소재 알스트로메리아, 수국

토피어리는 '가다듬다' 라는 뜻으로 자연 그대로가 아닌 인위적으로 다듬은 형태를 말한다.

알스트로메리아는 줄기 위쪽에 여러 개의 꽃이 달려 있어 토피어리 형태의 디자인에 적합한 꽃이다.

여러 대의 알스트로메리아를 라피아를 이용해 묶어 화기에 꽂고 아래쪽에는 수국을 라운드로 꽂는다.

토피어리 형태의 디자인은 줄기를 깨끗하게 다듬고, 묶은 꽃들이 흐트러지지 않도록 한다.

Carnation flower bowl for parents

부모님을 위한 카네이션

위에서 봤을 때 마치 케이크처럼 보이는 형태로 캐주얼 파티나 생일 테이블 장식에 어울리는
비더마이어 디자인의 변형 스타일이다. 초를 꽂을 때는 초 밑바닥에 픽으로 연결하여
꽂아 주면 힘도 덜 들이고 단단하게 고정시킬 수 있다. 한 줄에 있는 꽃은 같은 높이로, 다른 줄의
꽃들은 서로 높낮이를 달리해 리듬감을 주도록 한다.

소재 리시안셔스, 레이스 플라워, 스프레이 카네이션

How to

01 리시안셔스를 화기 가장자리에 돌려가며 낮게 꽂는다.
02 레이스 플라워를 가운데 빈 공간에 풍성해보이도록 짧게 꽂는다.
03 리시안셔스 위로 스프레이 카네이션을 약간 높게 꽂아 준다.
04 붉은색의 가는 초를 가운데 돌려가며 꽂아 마무리한다.

행복을 주는 테이블 꽃장식

화이트와 옅은 그린의 색조를 선택해 꽃들 사이의 대조를 보여주는 형태이다.

아르누보 스타일의 낮고 둥근 형태의 화기에 꽃 역시 라운드 형태로 꽂아 준다.

라운드 형태로 꽂을 때는 꽃의 길이를 똑같이 하여 높낮이가 거의 없도록 꽂는 것이 중요하다.

화이트 색조의 디자인이 결혼식 피로연 테이블이나 이벤트에 사용하기 좋은 스타일이다.

 **소재** 레이스 플라워, 장미, 아미, 아스크레피아스

How to

01 레이스 플라워를 돌려가며 꽂아 원형의 기본 형태를 만든다.

02 레이스 플라워 사이사이 장미를 꽂아 원형을 채워 나간다.

03, 04 아미와 아스크레피아스를 꽂아 원의 형태를 마무리한다.

White Day flower decoration

달콤한 이벤트를 위한 꽃장식

소재 리시안셔스, 레이스 플라워, 스마일락스

스마일락스를 자연스럽게 꽂고 그 위에 리시안셔스와 레이스 플라워를 원형의 형태로 꽂았다.

최소한의 재료로 형태를 강조한 단순한 스타일이지만 풍성한 느낌이 들도록 연출하였다.

화사한 핑크 톤의 화기와 순백의 화이트 톤을 매치시켜 로맨틱하고 순결한 느낌으로 연출해 보았다.

따로 사용해도 되고 함께 사용해도 좋은 디자인으로 이벤트 데이의 분위기 연출에 좋다.

마음을 전하는 선물용 꽃장식

소재 장미, 안개, 벤자민 잎

화기와 꽃의 색을 맞추기 힘들 때는 동일 계열의 색으로 맞춰 주는 것이 실패를 줄일 수 있는 방법이다.

벤자민 잎을 낮게 돌려 꽂고 그 위에 핑크색 장미와 안개를 꽂아 신부 부케와 같은 느낌으로 연출했다.

심플한 디자인이지만 남의 집 방문 시 꽃다발이나 꽃바구니 대신 부담 없이 선물하기에 좋은 스타일이다.

앙증맞은 세트 장식

소재 스마일락스, 장미, 안개

창틀이나 작은 선반 위에 올려놓고 보면 좋은 디자인으로 스마일락스와 장미, 안개 등의 소재만으로 간단하게 연출할 수 있다. 세 개의 바스켓을 같은 스타일로 꽂기보다 스마일락스와 안개를 번갈아 베이스로 사용하고 장미도 두 가지 색 정도를 이용하여 리듬감을 주도록 한다.

한 가지 꽃으로 꾸미는 장식

소재 락스퍼

화기가 앤티크 분위기의 독특한 스타일을 가지고 있다면 한 종류의 꽃을 이용해 화기를 돋보이게
디자인한다. 한 대에 여러 개의 꽃송이가 달리는 형태라면 활짝 핀 꽃과 봉오리 상태의 꽃을 적절히
섞어 풍성해 보이도록 연출한다. 꽃다발을 풀어 똑같은 길이로 꽃을 잘라 중앙에서부터 꽂아 나간다.

Classic flower decoration

정통 클래식 꽃장식

소재 장미, 샤므록, 칼라, 옥시페탈룸, 리시안셔스, 알스트로메리아

영국식의 정통 클래식 디자인으로 삼면이 보이는 형태로 꽃들의 길이를 거의 비슷하게 만들어 꽃의 색을 돋보이게 한다. 클래식 스타일로 디자인할 때는 꽃을 다양하게 사용하여 빽빽하게 꽂도록 한다.

주조색을 대비되는 색의 꽃으로 사용했다면 색의 흐름을 원만하게 잡아줄 수 있는 색의 꽃도 사용한다.

여러 가지 형태의 꽃장식

꽃장식이란?

일반적으로 꽃장식은 동양 꽃꽂이와 서양 꽃꽂이로 분류하는데 서양 꽃꽂이는 웨스턴 스타일(western style), 유러피언 스타일(european style)로 나눌 수 있다.

웨스턴 스타일은 기하학적인 구성의 형태(대칭형 삼각형, 비대칭형 삼각형, 수직형, 수평형, 구형, 팬(pan)형, 크레센트(crescent)형, 호가스(S)형)를 기본형으로 이런 선들이 결합하여 여러 가지 형태를 만들어나간다. 이러한 형태를 모두 기하학적인 형태(geometric form)라고 하는데 일반적으로 플라워 매장에서 상품으로 판매되는 디자인은 주로 웨스턴 스타일이다.

유러피언 스타일은 식물의 움직임이나 자기 주장, 또는 질감 등을 표현하기 위한 구성 이론을 중심으로 발전되어 왔다. 디자인의 구성으로는 식물(vegetative)적 구성, 장식(decorative) 구성, 병행(parallel) 구성, 선-형(formal-liner)적 구성, 오브젝트(object)적 구성을 기본으로 하고 있으며 최근에는 여기에 구조적(structure) 구성을 포함시키기도 한다.

화병 꽂이 요령

❶ 짙은 색에서 옅은 색 순서로 꽃을 꽂는다.

❷ 화병에 꽂는 꽃은 꽃송이가 같은 크기의 것보다 둥근 것과 길쭉한 것을 섞어서 꽂아 준다.

❸ 입구가 넓은 화병을 이용할 때는 동그랗게 만 곱슬버들이나 자갈 등을 넣어 꽃이 쓰러지지 않도록 버팀목을 만들어 모양을 잡는다.

❹ 물은 2~3일에 한 번씩 갈아주는데 김빠진 사이다를 1큰 술 정도 섞어주면 한결 싱싱하게 오래 간다.

꽃 손질하는 방법

❶ 물이 가득 담긴 통에서 뿌리 밑 1~2cm 줄기를 잘라 준다.

❷ 단단하고 굵은 줄기의 꽃은 종이에 싸서 줄기 끝에서 2~3cm 되는 부분을 끓는 물에 잠깐 담갔다가 찬물에 넣어 식힌다. 이때 꽃이나 잎은 뜨거운 김에 쏘이지 않도록 주의한다.

❸ 잘라낸 부분을 숯이 되도록 태운 후 물에 적셔 식혔다가 사용한다. 꽃이나 잎에 뜨거운 열기가 직접 닿지 않도록 주의해야 한다.

❹ 가지의 잘라낸 부분을 쪼개거나 껍질을 깎거나 뭉개서 물을 빨아들이는 표면적을 넓혀 준다.

꽃을 싱싱하게 관리하는 방법

❶ 꽃을 담아 둘 때는 물의 양을 넉넉하게 하고 서늘한 곳에 둔다. 물을 갈아 줄 때는 줄기 끝을 조금 잘라내도록 한다.

❷ 꽃의 수명을 늘이고 싶으면 10원짜리 동전을 3~4개 넣어두거나, 생화수명 연장제를 물에 타 준다. 아니면 물 1L에 설탕 50g을 넣어도 괜찮다.

❸ 물을 자주 갈아 물올림을 좋도록 하고, 물에 잠기는 아래쪽 잎은 모두 제거해 준다.

❹ 락스 같은 세제를 조금 넣거나 김빠진 맥주를 조금 넣어도 좋고, 꽃꽂이를 한 다음 사과 식초 한두 방울을 떨어뜨려 준다.

❺ 과일에는 식물의 노화를 촉진하는 에틸렌 가스가 발생하므로 과일 근처에는 두지 않는 것이 좋다.

컬러 이미지 배색

사랑스러운, 달콤한, 쾌활한, 귀여운…

주로 밝고 선명한 색을 이용하는데 노란색, 빨강색, 연두색과 같이 난색 계열의 밝고 선명한 색조에 다양한 악센트 색을 사용한다. 밝고 부드러운 색에 반대되는 색상을 한두 개 정도 넣으면 이미지 폭이 넓어지는데 분홍색과 보라색을 사용하면 달콤한 느낌이 더해지고, 초록색과 파랑색을 사용하면 리듬감이 추가된다.

명랑한, 활동적인, 개성적인, 캐주얼한…

격식에 얽매이지 않은 편안함과 건강함, 자유로움을 표현하며 밝고 선명한 색의 느낌 그대로를 보여주는 배색으로 주로 사용하는 색은 빨강색, 주황색, 노란색, 초록색 등이다. '연두색+노란색+주황색'의 배색처럼 유사색 배색은 부담 없이 따뜻한 느낌을, '남색+노란색+빨강색'의 배색처럼 반대색끼리 배색하면 활동적인 느낌을 준다.

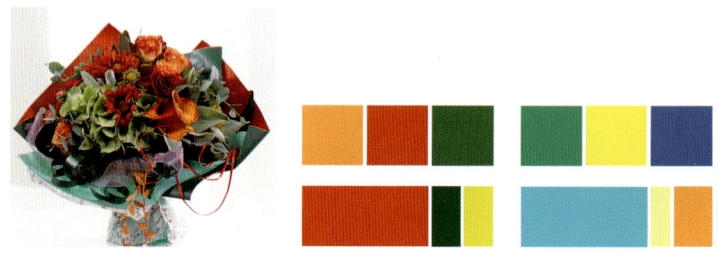

부드러운, 소박한, 내추럴한…

자연이 주는 신선함과 친근함, 아늑함을 느끼게 하는 이미지로 나무와 숲, 흙 같은 자연색으로 배색한다. 정감 있고 편안한 느낌의 연한 갈색이나 빛이 바랜 듯한 색에 다양한 톤의 녹색을 조화시켜 자연적 느낌을 더하는 것이 좋다. 연두색, 노란색 계통을 조합하면 자연스러운 분위기를 연출할 수 있으며, 파랑색 계열을 더하면 환경 친화적인 분위기를 낼 수 있다.

세련된, 여성스러운, 감각있는, 우아한…

고귀함과 화려하지 않은 고급스러움을 느끼게 하는 이미지로 분홍이나 그레이시한 보라색을 적절히 사용하면 감각적이면서 기품있게 표현된다. 화려한 이미지와 비슷해 보이기도 하지만 화려한 배색보다는 정적인 느낌이 강하다. 보라색 · 자주색의 유사색 배색은 전형적인 우아함을, 노란색 · 연두색 · 파랑색을 넣으면 아기자기한 재미를 느낄 수 있다.

정성으로 꾸민
예쁜 조화

Wreath of everlasting love

영원한 사랑의 리스

리스 틀 전체에 꽃을 붙여 연출할 때는 그린 처리 후 중심이 되는 꽃을 군데 군데 붙인 다음
그 사이에 작은 꽃들을 고정하는 방법으로 만들어 준다. 리본 장식은 중심 위에서 반듯하게
흐르게 하거나 옆 중간이나 아래쪽에 자연스럽게 늘어뜨려 연출할 수가 있다.
크란츠라고도 불리는 리스는 영원불멸의 사랑이라는 의미를 담고 있는 것으로 신혼부부
집들이용 선물로 좋다.

소재 리스 틀, 수국, 장미, 국화, 리본

How to

01 리스 틀 전체에 그린 잎을 붙여준다.
02 국화와 장미를 적당한 간격을 두고 붙인다.
03 남은 꽃으로 리스를 완성해간다.
04 리스 약간 아래쪽에 리본을 고정시켜 완성한다.

Midsummer Wreath

시원한 느낌의 여름 리스

리스를 만들 때 기본 틀을 풀어 다시 다듬어 사용하면 한결 자연스럽게 보여질 수 있다.

생화로 만들 수도 있지만 그럴 경우 문이나 벽에 걸어두고 오랫동안 볼 수 없다는 단점이 있다.

때문에 리스는 주로 조화를 이용해 제작한다. 리스는 여러 가지 디자인으로 연출할 수 있는데

틀 아랫부분을 중심으로 꾸미는 방법은 봄이나 여름 분위기 연출에 좋다.

 **소재** 리스 틀, 수국, 장미, 그린 잎

How to

01 리스 틀을 사용하기 좋게 적당히 만져 준비한다.

02 틀 위쪽 중앙에 리본과 액세서리를 자연스럽게 묶어준다.

03 잎을 아래쪽 반 정도에 자연스럽게 붙여준다

04 수국과 장미를 어울리게 붙여 완성한다.

Topiary pieces
토피어리 소품

조화를 이용해 토피어리를 만들 땐 가지가 곧은 종류를 선택하도록 한다. 주 소재가 되는 꽃을
한번에 모아 화기에 고정시켜 주는데, 화기가 작기 때문에 토피어리의 길이가 너무 길어지지
않도록 주의한다. 아래쪽까지 꽃을 사용할 경우 전체가 산만해 보일수도 있으므로 아랫부분에는
열매나 잎으로만 처리하는 것이 좋다. 전체적인 연결감을 주기 위해서는 토피어리에
들어가 있는 색을 선택해 아래쪽 꾸밈에 쓰면 된다.

소재 장미 부시, 수국, 열매, 그린 잎, 산호가지, 라피아

How to

01 화기에 스티로폼을 고정시킨다.
02 장미와 수국을 뭉쳐 화기에 꽃은 후 아랫부분에 열매를 고정해 스티로폼을 가려 준다.
03 산호가지를 아래쪽 열매 옆으로 꽃아 꾸며 준다.
04 토피어리 줄기를 라피아로 묶어 마무리한다.

클래식 소품

생화로 꽃장식을 할 때보다 조화로 꽃장식을 할 때의 장점은 꽃이 와이어로 고정되어 있기
때문에 원하는 형태를 마음대로 만들 수 있다는 것이다. 정통 클래식 분위기의 디자인으로
색조를 한 가지로 선택해 클래식한 느낌을 더해 주었다.
적은 종류의 꽃과 비슷한 색조의 꽃만 사용해 느낄 수 있는 지루함은
사이사이 그린 잎을 꽂아 완화시켜 주었다.

소재 장미 부시, 열매, 그린 잎

How to

01 화기에 스티로폼을 단단하게 고정시킨다.

02 장미를 중앙에 세우고 양 옆으로 수평이 되게 꽂아 고정한다.

03, 04 사이사이에 작은 꽃들과 그린 잎을 꽂아 형태를 완성시킨다.

Decoration of pieces
소품 장식

장식을 위한 조화 소품을 만들 때는 그 장소와 어울리는 색상을 선택하는 것이 중요하다.
소재를 선택할 때는 조화 느낌이 들지 않도록 지나치게 선명한 색이나 큰 꽃은 피하도록 한다.
꽃보다는 열매나 그린 잎, 가지 등에 비중을 두고 만들면 쉽게 질리지 않고 오랫동안
감상할 수 있다. 특히 조화는 시드는 것이 아니기 때문에 색의 선택에 신중을 기해야
질리지 않고 오래 볼 수 있다.

소재 장미, 버들가지, 소국, 그린 잎

How to

01 화기에 스티로폼을 고정시킨 후 마른 이끼를 깔아 준다.

02 중심에 버들가지를 세우고 아래쪽으로 얼굴이 큰 장미를 낮게 꽂는다.

03 나머지 꽃들을 어울리도록 구성해 고정시킨다.

04 전체 색감과 비슷한 리본으로 보를 만들어 한쪽에 꽂아 마무리한다.

실크 플라워의 세계

실크 플라워(조화)란?

실크 플라워(silk flower)는 금방 시들어 버리는 생화의 단점을 보완해 아름다운 꽃을 좀 더 오래두고 보기 위해 만들어진 것으로 섬유에 생화와 같은 색을 염색해 만든다. 디자인을 마음대로 표현할 수 있다는 장점과 오래 두고 볼 수 있다는 장점이 더해 디스플레이나 공간 장식은 물론 각종 소품에 두루 쓰이고 있다.

조화의 특징

❶ 만드는 사람의 개성에 따라 생명력 있는 독특한 예술 작품으로 만들 수 있다.

❷ 조화는 생화와 다름없는 색상과 모양을 낼 수 있어 그 용도와 기능이 점점 다양화되어 가고 있다.

❸ 인테리어에서 조화는 화기에 구애받지 않은 다양한 연출이 가능하기 때문에 창의적인 디자인을 하기에 적합한 소재이다.

조화의 관리와 보관

❶ 먼지가 앉았을 때는 물통에 중성세제를 살짝 풀고 거꾸로 담가 흔들어 준 다음 깨끗한 물에서 세제가 사라질 때까지 휘저어준다. 세제가 다 빠지고 나면 통풍이 잘되는 그늘에서 말린다.

❷ 비닐봉지에 소금을 넣고 잘 흔들어주면 소금에 먼지가 묻어 나온다.

❸ 먼지가 많이 묻은 부분은 물티슈나 기름기를 닦아내는 티슈로 닦는다.

❹ 비닐봉지에 바람을 풍성하게 넣은 후 꽃 얼굴이 눌리지 않게 보관한다.

❺ 천에 염색을 해 만들었기 때문에 습한 곳에 오래두면 탈색될 뿐 아니라 곰팡이가 번식할 수 있어 피하는 것이 좋다.

조화를 고르는 요령

❶ 원색보다 한 단계 낮은 색을 골라야 쉽게 탈색되지 않으며 질리지 않고 오래 볼 수 있다.

❷ 지나치게 싼 꽃이나 꽃잎이 빳빳한 것은 피한다. 싼 꽃들은 만든 지 오래 되었을 가능성이 높다.

간단하게 배우는 조화 꽃꽂이

푸른 잎의 생화와 함께 꽃기 조화 한 송이에 푸른 잎을 풍성하게 하여 꽂으면 조화만 꽂는 것보다 신선하고 생동감 있게 보인다.

액자 대신 조화를 이용한 벽장식 흔히 볼 수 있는 액자 대신 조화를 이용해 벽을 장식해 주면 감각적인 느낌을 준다. 뿐만 아니라 조화 장식은 컨트리 풍의 소품과도 잘 어울린다.

투명화기에 물을 담아 꽂아두기 잘 만든 나뭇가지 조화의 경우 생화와 같은 느낌을 주기 때문에 투명한 화기에 물을 담고 그대로 꽂기만 해도 된다.

볼에 꽃송이만 띄우기 꽃 장식에 자신이 없다면 유리 볼에 물을 붓고 꽃송이만 따서 띄워준다. 하지만 조화는 그 소재의 특성상 물을 잘 먹어 쉽게 가라앉을 수 있다. 이 때 소주잔을 띄우고 잔 주위를 꽃 송이로 가리면서 걸쳐 놓아도 좋다.

돌과 함께 꾸미기 잎과 꽃이 함께 붙어 있는 조화의 경우 줄기가 예쁘지 않다면 물 속에 3~4개의 돌을 넣고 조화를 꽂으면 마치 돌에서 자란 듯 자연스러운 느낌이 연출된다.

화분에 꽂아주기 진짜 흙이 담긴 화분에 조화를 고정시켜 준다. 조화의 가장 큰 단점인 줄기를 가릴 수 있을 뿐더러 땅속에서 자란 듯한 자연스러운 느낌을 연출할 수 있다.

material ❶
소재

카네이션
Dianthus
Lopazo

카네이션
Dianthus
Leila

카네이션
Dianthus
Aicardi

카네이션
Dianthus
Prado Refit

아스크레피아스
Asclepias
Moby dick

강아지풀
Mentha
Silver Queen

락스퍼
Delphinium
Princess Caroline

니겔라
Nigella
Damacena

아미
Ammi
Visnaga

장미
Rose Spp
Valerie

장미
Rose Spp
Indian Femma

장미
Rose Spp
Akito

장미
Rose Spp
Escimo

장미
Rose Spp
Sweetnesse

material ②

소재

장미
Rose Spp
Gabrielle

장미
Rose Spp
Tineke

장미
Rose Spp
Grand Gala

장미
Rose Spp
Candid Prophyta

장미
Rose Spp
Akito

리시안셔스
Eustoma
russellianum

리시안셔스
Eustoma
russellianum

리시안셔스
Eustoma
russellianum

리시안셔스
Eustoma
russellianum

퐁퐁소국
Dendranthema(Indicum
Gr)

다알리아
Dahlia
Market joy

과꽃
Callistephus
Matsumoto Abrikoos

그린국화(샤므록)
Dendranthema
Shamrock

옥시페탈룸
Tweedia caerulea
Oxyperalum caeruleum

material ❸

소재

덴드롱
Leuca dendran
Safari Sunset

안스리움
Anthurium
Rapido

유칼립투스
Eucalyptus
Parvifolia

헬레니움
Helenium
Moerheim Beaury

미니과꽃
Callistephus
Matsumoto Red

백공작
Aster
Casablanca

노무라
Arachniodes
Adiantiformis

레몬잎
Gaultheria
Shallon

버프리움
Bupleurum
Griffith

아스파라거스
Artemisia
Virgatus

펜스테몬
Penstaman digitalio
Husker Red

수국
Hydrangea
macrophylla

수국
Hydrangea
macrophylla

수국
Hydrangea
macrophylla

material ④

소재

아미
Ammi
Visnaga

안개초
Gypsoptha Milkon
Stars

알스트로메리아
Alatroemeria
Yellow Dream

알스트로메리아
Alatroemeria
Tornado

버프리움
Bupleurum
griffithii

니겔라
Nigella
damacena

아킬리아
Alchemila
Mollis

작약
Paeonia
Sarah Bernhardt

작약
Paeonia
Karl Rosenfield

작약
Paeonia
Dr Alexander Fleming

아스칠베
Astilbe
Europa

칼라
Zantedeschia
Black Eyed Beauty

칼라
Zantedeschia
Mango

스마일락스
Aspargus

Thank you

생큐 **꽃** 선물

2007년 9월 15일 1판 1쇄
2010년 7월 30일 1판 2쇄

지은이 : 김혜정
펴낸이 : 남상호

펴낸곳 : 도서출판 **예신**
www.yesin.co.kr
140-896 서울시 용산구 효창동 5-104
전화 : 704-4233 / 팩스 : 715-3536
등록 : 제03-01365호(2002. 4. 18)

값 **12,000원**

ISBN : 978-89-5649-056-4